ESSAI

DE

L'INFLUENCE DES MŒURS

DU PREMIER AGE

SUR LA LONGIVITÉ.

(4.)

ESSAI

DE

L'INFLUENCE DES MŒURS

DU PREMIER AGE

SUR

LA LONGIVITÉ,

Pour faire suite aux questions proposées
par John Sinclair.

L'éducation commence dès le berceau.
J E A N - J A C Q U E S.

Prix : 60 centimes.

A PARIS,

Chez MONORY, libraire, quai des Augustins;
N.° 33.

DE L'IMPRIMERIE DE DIDOT JEUNE,
AN XI. — 1803.

ESSAI

De l'influence des mœurs du premier âge sur la longivité, pour faire suite aux questions proposées par John Sinclair.

Puisque les amis de l'humanité s'occupent dans ce moment de la cause, ainsi que des effets destructeurs de l'ordre social, et qui nuisent au terme de la vie, je laisse aux savants écrivains la tâche difficile de montrer l'art de bien vivre, afin de vivre longtemps et avec utilité ; je me bornerai donc à leur soumettre les remarques que j'ai pu faire comme mère de famille ; j'oserai indiquer un fléau naissant qui tient à ce siécle, à ce pays peut-être ; mais qui s'étendra plus loin, si les causes s'étendent aussi : il prend sa source dans le vice de la première éducation : la nouvelle génération

en est attaquée ; personne n'ouvre les yeux ,
il faut donc avoir le courage d'en parler.
Puisse le desir d'être utile me tenir lieu
de talent auprès du sage observateur à qui
j'adresse cette faible esquisse !

Si l'on s'arrête sous le toit paternel dans
les grandes villes, on y verra un tableau
effrayant : les garçons paraissent menacés
d'une sorte de phthisie passé l'âge de sept
ans ; comme ils sont environnés de mille
objets de corruption , est-il étonnant qu'ils
en deviennent la victime ? J'ai vu des enfants bien forts, bien constitués à l'âge de
trois et quatre ans, qui promettaient de
croître dans un degré proportionné, perdre
à vue d'œil, et finir par devenir très-déli-
cats, très-faibles. Cette décroissance sensible m'ayant frappé, j'en ai cherché la
cause : j'ai remarqué dans les filles des avantages résultant de la réforme des corps ba-
leine. Les filles n'ont plus ces maux d'esto-
mac dont elles se plaignaient tant autre-

fois : elles sont plus belles , car la santé est sœur de la beauté. Le développement avantageux dans la croissance des filles m'a nécessairement conduit à l'examen de la cause contraire qui se manifestait chez les garçons. Je ne l'attribue pas uniquement à des habitudes trop précoces , car ce vice ne serait que le résultat d'un premier abus qui ne dépend pas seulement des enfants, mais bien de ceux qui les élèvent.

Voici donc ce que je crois être la véritable cause de la différence frappante qui existe en ce moment entre les deux sexes du même âge.

Les caresses des mères , si douces, si calmes autrefois, sont devenues des fureurs depuis quelques années. A l'insouciance de ces mères, qui livraient imprudemment le fruit de leur union aux mercenaires inconnues, a succédé le plaisir de nourrir soi-même ; mais des mères emportées par la passion de l'amour-propre, qui calculent, pour ainsi dire, le produit de l'empire qu'elles acquièrent en remplissant un devoir naturel, se sont fait, du plus légitime moyen de domination, un titre pour en abuser.

Elles ne voyent, dans l'avantage d'être mère, que l'objet d'une jouissance présente; elles ne s'inquiétent pas de l'avenir, et elles affaiblissent, sans le vouloir, par la fatigue continuelle de leurs caresses, la fibre délicate, en altèrent la croissance, assassinent le principe de vie qu'elles ont donné. C'est cette tourmente de baisers prodigués aux enfants qui enivrent leurs sens, leur inoculent ce poison de sensibilité, cause trop ordinaire des convulsions spasmodiques à l'époque des dents, le système nerveux étant trop exercé, *ou s'ils supportent cette crise, ils n'échappent pas à cette inquiétude prématurée qui les fait sortir trop tôt de l'état d'innocence.* C'est par-là qu'ils sont atteints de cette foule de maladies nerveuses qui mènent à la phthisie, à l'hypocondriacie, et même à la paralysie anticipée, et souvent au dégoût de la vie. Misanthropes à vingt ans, ils n'ont pas vécu qu'ils voudraient cesser d'être pour la moindre contrariété. Ces jeunes vieillards n'ont plus la force de vaincre un obstacle; ils ne conçoivent plus cette audace, le signe des grandes ames. L'idée de confondre une injustice ne saurait les séduire ni embraser leur cœur refroidi; l'amour de leurs parents, de leur devoir, de leur patrie ne se fait bientôt plus sentir; et, comme ils n'ont point d'amour, ils n'ont point de haine; je veux dire ce sentiment courageux qui soutient, engage dans la lutte de la vie, et qui fait triompher la vertu sur le vice.

De tout temps le vil intérêt a causé bien des maux à l'enfance; les nourrices sur lieu caressaient les enfants au poids des cadeaux qu'elles recevaient; en sorte que, si les en-

fants-étaient mieux soignés, ils n'en étaient
point préservés du danger des caresses, car
elles les portaient jusqu'à l'excès, sans qu'on
puisse les en empêcher. L'usage avait trouvé
le moyen de remplacer le sein d'une mère:
Jean-Jacques n'avait point encore persuadé
par son heureuse éloquence un père à cé-
der quelque chose aux cris de la nature.
Depuis la louable coutume de nourrir ses
enfants, il s'en est opéré un changement
dans la beauté et leur bien-être ; mais cet
avantage ne doit pas se borner au physique;
il ne faut pas négliger pour cela le moral:
car alors rien ne serait durable, puisque
le détriment de l'un ferait perdre le profit
de l'autre.

Il existe un danger qui peut devenir aussi
funeste aux enfants, qui provient peut-être
de la manière de les baigner dans l'eau
froide. On sait que l'adoption salutaire des
bains froids est venue en partie du roman
de l'Emile de J. J. Rousseau. Ce philoso-

phe n'a vu que les grands avantages qui
pouvaient en résulter, et n'a point prévu
les inconvénients ; il a cependant persuadé
plus que les meilleurs médecins n'avaient
pu faire, qui, en les recommandant, ajou-
taient les précautions dont il faut user,
et surtout l'examen des humeurs et du tem-
pérament des enfants ; mais la mode une
fois devenue générale, c'est la chose à
laquelle on a le moins pensé. Cependant,
pour les malheureux enfants dont le sang
se trouve vicié, qui ont des engorgements
dans la lymphe, qu'on ne peut détruire que
par des transpirations, les bains tièdes et
surtout des fumigations d'herbes aromati-
ques dont j'ai vu d'heureux effets, semblent
mieux leur convenir. Ceux-là doivent être
exceptés des bains froids, qui sont très-
salutaires aux enfants forts ou très-sains ;
mais lorsqu'on consulte les gens de l'art,
la faute est déjà faite ; ce qui arrive jour-
nellement à Paris, où les enfants ne jettent
plus de gourme depuis qu'on les lave en

tout temps à l'eau froide, dès l'âge de 4 mois et même plutôt : aussi n'ont-ils plus d'éruption à la peau ni de croûtes au visage ; on les a débarrassés de tout cela ; *ils sont gras*, mais beaucoup sont bouffis, ont les yeux bridés et pâles, le teint jaune. Assez ordinairement ces enfants, après le sevrage, ont une fièvre lente, la respiration gênée, le catarre se forme, et bientôt ces enfants, si propres, si exempts d'humeurs, succombent. J'en ai vu qu'on a ouvert auxquels on a trouvé une petite poche d'eau fétide, provenant d'humeurs rentrées qui avaient fait dépôt au dessus des foies. On n'avait cependant point épargné les médecines ni les boissons propres à faire évacuer ; malgré tous les soins et les secours, il n'était plus temps ; ces moyens tardifs ne vaudront jamais une transpiration insensible que la nature indique elle-même, lorsqu'elle n'est point contrariée. On en peut juger par les pauvres, qui sont trop occupés à travailler pour suivre la mode, leurs

enfants jettent leurs gourmes au dehors ,
et ils s'en trouvent fort bien. Il n'y a que
ceux qui croyent aussi devoir dompter l'in-
tempérie des saisons, qui perdent des enfants par la coqueluche. Les animaux, plus
conséquents que nous, parce qu'ils n'ont
point de système qui les égarent, consul-
tent l'influence de l'air et s'y conforment :
nous, au contraire , nous donnons tort à
la nature, parce que nous confondons les
maux qui nous viennent de la société avec
ceux qu'elle ne peut nous épargner.

Notre meilleur maître , l'expérience ,
nous prouve, par exemple, que les bains
de rivière sont de la plus grande utilité aux
deux sexes, passé l'âge de 9 ans ; qu'ils ai-
dent le développement de la croissance ;
qu'à cet âge il n'y a pas le même danger
comme aux premières années, où le défaut
de précautions requises peut risquer la
vie d'un enfant.

Les bains servent à faire transpirer la

seconde gourme; le corps doit avoir acquis la force nécessaire pour pousser les humeurs au dehors; mais pour que les bains froids administrés aux petits enfants indistinctement fussent aussi salutaires à tous, il faudrait être né d'un sang et dans un air très-pur, et nous n'en sommes pas là : au contraire, pour surcroît de vices auxiliaires, les hommes, depuis quelques années, ont contracté l'indécente habitude de salir les rues par des urines dont le gaz méphitique est très-mal sain. Cet air suffirait, dans certain endroit achalandé, pour corrompre le lait d'une nouvelle accouchée. Aussi les femmes qui nourrissent à Paris ne sont-elles point exemptes d'avoir des laits répandus lorsqu'elles sèvrent, parce que le mauvais air peut gâter celui qu'elles ont besoin de transpirer pour le perdre; et, si elles s'exposent dans cet intervalle, elles courent autant de dangers que si elles n'eussent pas nourri. L'infection des rues n'atteint pas moins les enfants en bas-âge,

et les moissonnent comme faisaient nos mail-
lots et nos lisières ; et, quoiqu'il soit prouvé
une augmentation sensible sur la popula-
tion depuis quelques années, on doit remarquer de même que l'augmentation ne
sera réelle qu'en diminuant les causes de
mortalité. Jusqu'à présent, elles se sont
compensé à Paris. Je suis loin de contester
le bénéfice des accoucheurs; mais bien celui
de l'état. Il est à craindre que, tant que
l'on ne changera pas de façon d'élever les
enfants, l'on n'en perde beaucoup. Je ne
sais pourquoi on est convenu que, pour
aguerrir les enfants, il fallait les laisser cre-
ver de froid. On ne veut pas savoir que,
dans le Nord, où l'on sait aussi aguerrir
les enfants, ils sont vêtus et couchés très-
chaudement, ce qui répare ce que le cli-
mat a de rigoureux. Les bains de transpiration dont on fait usage débarrasse le corps
de toutes les humeurs que le froid aurait
pétrifié : les habitants du Nord sont très-
forts, en raison des soins qu'on prend de

l'enfance , et ceux qui sont négligés ne s'élèvent pas ; mais en France, on exa⸗ gère depuis 20 ans la mode qui s'est introduite pour laisser plus de liberté aux enfants dans leurs vêtements. On est venu, par l'extrémité , aux mêmes inconvénients de la vieille routine qui en faisait de petits martyrs. Celui qui pourrait trouver la cause de cette disposition à toujours outrepasser, ferait une belle découverte ; car c'est une vraie maladie morale que cette manie qui emporte au-delà du raisonnable et du bon, pour courir après *le bien inconnu*. Il semble qu'on devrait savoir s'arrêter à un degré que garantirait le succès.

On fouettait autrefois inhumainement les enfants, ce qui altérait leur santé et leur caractère ; présentement, on les usent à force d'amour : ce n'est pas là ce que le législateur des enfants entendait ; Jean-Jacques a dit que l'éducation commence dès le berceau, pourquoi donc commencer de si bonne heure à exciter des sensations voluptueuses chez les enfants? craint on qu'ils n'y résistent étant grands, ou qu'ils ne s'y livrent pas assez tôt? La contagion de quelques mères, sans doute plus vaines que tendres, a gagné et cause un mal qu'il faut se hâter de guérir. Ces mères ont senti toute la force d'une petite créature à laquelle un père n'a rien à refuser; et, comme elles ont fondé leur crédit dans le charme de leurs enfants, c'est pour cela qu'elles en font des idoles : aussi ont-ils atteint l'âge de la première intelligence qu'ils savent déja qu'ils peuvent désobéir à la mère impunément, puisqu'un baiser apaisera tout, et rendra ce qu'ils eussent craint de perdre, s'ils n'avaient pas cette ressource infaillible, et qui les rassure beaucoup trop.

Le baiser sur le front que nos pères accordaient, n'avait pas cet inconvénient; ce gage paisible de contentement et d'amour

2

respectueux suffit : du front semble se ré-
pandre une atmosphère de pudeur. Cette
partie n'a rien de l'animalité, et appartient
aux facultés spirituelles. Les médecins qui
connaissent le danger des caresses passion-
nées prodiguées aux enfants, ont souvent
crié contre, mais c'est dans le désert : ra-
rement on écoute ce qui ne plaît pas ;
cependant des soins, des jeux et l'exercice
sont bien plus utiles à ces petits êtres.
L'usage du baiser sur le front se conserve
dans beaucoup de pays, et notamment dans
le Nord, où les enfants sont très-soumis à
leurs parents, parce qu'ils sont moins fa-
miliers.

Les enfants qui ne sont point exposés
dans les bras d'une mère prudente et
chaste (1), le sont très-souvent dans ceux

---

(1) *Chaste.* — Ce mot ne se prononce plus
guère et se confond avec celui de *prude*, ou de
bégueule dans certaines oreilles. Ce n'est pas la
seule méprise qu'on ait faite ; car quelque fem-

de leur bonne. Ces femmes abusent de leur pouvoir ; elles se permettent des caresses trop lascives sans mauvaises intentions : cela vient de ce qu'elles ne sont point assez retenues dans leurs manières d'être ; elles ignorent que l'innocence des enfants est un

---

mes ne se croyent pas bien mises qu'en étant presque nues, afin d'imiter les Spartiate. Comment peut-on juger si mal les filles de Spartes d'après ce qu'on sait ? Quoi ! la femme d'Ulysse, abaissant son voile pour toute réponse à son père, pouvait-elle avoir été élevée sans pudeur ? Si les filles de Sparte étaient nues les jours de fêtes nationales, n'étaient-elles pas sous les yeux de leurs parents et des magistrats ? d'ailleurs, les jeux institués dans un but politique formaient un spectacle imposant, qui devaient donner des idées différentes de celles qu'on peut avoir dans un salon. Les garçons n'avaient ni l'accès ni la familiarité qui mènent au mépris ou à l'indifférence. On laissait aux hommes les desirs ; les femmes se réservaient la modestie qui seule peut les inspirer.

dépôt sacré auquel il ne faut pas toucher, crainte d'en altérer quelque chose (1).

L'habitude du vice fait contracter cet emportement qu'on peut remarquer dans leur geste. La plupart des filles qui se mettent en service depuis un certain temps, à Paris surtout, n'y entre que dans l'espoir d'y acquérir bien vite, soit de façon ou d'autre, de quoi sortir d'un état qui leur paraît fatigant ; elles troublent souvent *les ménages les mieux unis par leurs préten- tions ;* elles s'arrogent des droits et n'ont souvent que trop réussi. D'où vient qu'on ne voit plus de ces bonnes faisant partie des familles dont elles voyaient augmenter le nombre heureux chaque année. Ces

____

(1) On connaît les lois romaines sur la décence et le respect que les pères et mères devaient inspirer, par leur retenue, à leurs enfants. Caton exila un sénateur pour avoir embrassé sa femme en présence de sa fille.

femmes secondaient les épouses dans tous les détails domestiques. Eh ! qui ne se souvient pas avec attendrissement de leurs précautions empressées pour les enfants confiés à leurs soins : elles connaissaient souvent, mieux que la mère, leur caractère et leur santé ; elles savaient empêcher la plainte imprudente d'un enfant, et suspendre le courroux d'un père emporté. Oh ! que ceux qui peuvent *avoir de ces souvenirs regardent autour d'eux et voyent les pertes que nous avons faites.* Il faut les réparer ; l'intérêt si cher des enfants doit l'emporter sur des objets de distraction qui ne rendent point heureux comme le bonheur domestique.

Il est urgent de prendre garde au choix *des femmes auxquelles on confie des enfants : chaque âge a sa Minerve protectrice.* Ce choix sera toujours meilleur, lorsque les bons traitements garantiront les femmes en services, et prouveront que leur pain ne dépend pas du caprice, mais bien de l'honnêteté de leurs mœurs. Des marques de confiance, sans abandon, adouciront ce qu'il y a de pénible dans leur assujettissement, les préserveront du danger de la corruption et du vagabondage. Mais la défiance est si générale à l'égard des filles domestiques, que la menace est sans cesse à la bouche ; ce qui les jette dans une incertitude funeste dont leur conduite se ressent. Je ne sais pourquoi il y a tant de pères qui soutiennent aussi qu'il faut qu'un garçon sache tout, même le mal, dès l'âge le plus tendre : ils croyent sans doute le préserver par des dégoûts, ce calcul est faux et dangereux ; cette expérience peut devenir fatale à celui qui ose s'y livrer. Il est d'abord impossible d'expliquer à un enfant les vices qui naissent de la société : toute révélation de cette nature ferait un monstre de l'enfant le mieux né.

Lorsque Mentor avertissait son élève contre les flatteurs et le danger des voluptés, Télémaque avait atteint l'âge de raison, et il avait eu les meilleurs exemples sous les yeux : aucune mauvaise impression n'avait précédé les leçons de Mentor. Nos maîtres n'ont pas cet avantage ; il faut qu'ils trouvent le moyen de se faire entendre par des enfants qui n'ont encore rien écouté, et qui sont accoutumés à ne respecter personne ; ainsi, les maîtres ont double tâche ; la première année se passe à corriger pour pouvoir enseigner quelque chose la seconde. On a vu des enfants dont les mauvaises habitudes étaient tellement enracinées, qu'il a fallu les renvoyer des maisons d'éducation, tant il est vrai que rien n'est indifférent à l'enfance. C'est pourquoi la jeunesse qui donne le plus d'espoir, est celle qui est élevée dans les pensions bien surveillées, et dans les colléges qui le sont aussi.

Pour fonder un nouvel empire sur nos sens, Helvétius, le matérialiste, a parlé en faveur des sensations, n'importe à quel âge. Son argument est *je sens ;* donc *je puis sentir.* Tout fort que paraisse ce raisonnement, il n'empêchera pas d'apercevoir la nécessité de ménager les ressorts d'où dépendent ces mêmes sensations ; et d'ailleurs, il faudrait toujours distinguer l'instinct excité d'avec le développement naturel.

Mais j'anticipe trop sur le second âge ; j'oublie que je ne dois parler que des causes qui mènent à sa dégradation. Si l'on traite de chimères mes observations sur l'innovation dangereuse des caresses imprudentes, qu'on réfléchisse avant que de prononcer. Lorsqu'on parlait autrefois du baiser de mère, on entendait un baiser doux, calme, et tel que celui de l'Amour à sa Psyché, dans le tableau du savant peintre Gérard, qui a si bien rendu toute l'innocence de l'amour pudique.

Je sens bien que l'on peut alléguer la pureté de l'intention des femmes, et que c'est leur imposer une loi bien sévère que la privation de ce qui semble les flatter le plus; mais sont-elles heureuses, lorsqu'elles voyent tomber dans le marasme le fils chéri, faute de n'avoir pas su modérer l'expression d'un sentiment qui n'a pas tant besoin de signes extérieurs, que de constance et de réflexions? car toutes les femmes peuvent être mères ; toutes ne sauraient être également bonnes, si elles ne se pénètrent pas de l'importance de leur devoir.

Mais la mère qui s'expose à braver un animal féroce pour sauver son enfant est-elle faible? en est-il qui aient délibéré ? Si l'amour d'une mère la rend si forte contre un danger évident, pourquoi douter

de son courage, de son empressement à
se garantir contre celui qui lui sera dé-
montré aussi dangereux? La force de l'ame
doit nécessairement aider la faiblesse du
corps ; elle nous fut donnée pour cela,
et c'est être rebelle à celui qui nous l'ac-
corda, que de ne pas lui laisser exercer
son droit. Abandonner la direction entière
de notre chétive existence à la surprise de
nos sens, n'est-ce pas vouloir en abréger
le cours? Il est si vrai que l'intempérance
des caresses est inspirée par un sentiment
étranger à l'amour maternel, et qu'il provient plutôt d'un amour-propre mal en-
tendu, c'est que les fils uniques en sont
plus accablés. Les familles nombreuses s'é-
lèvent mieux, il en meurt moins, surtout
en bas-âge ; et, dans les campagnes où il
n'y a pas autant de fils uniques, les garçons deviennent forts et robustes. On attribue la maigreur extrême des jeunes gens
de Paris à la croissance ; mais ceux des

autres villes ont leur croissance aussi, et n'ont pas cette pâleur cadavéreuse répandue sur la figure de ceux-ci, qu'on remarque malgré l'énorme cravate qui en cache la moitié : toujours est-il certain qu'on peut n'être point gras et avoir du sang.

Mais le dieu auquel on sacrifie plus que jamais est à l'amour-propre ; car, au lieu de calmer ce délire présomptueux des jeunes gens, tout leur dit au contraire qu'il faut avoir de l'ambition et parvenir ; les maîtres disent par le mérite et les services, les parents oublient cette clause essentielle, mais ils n'oublient pas de répéter la leçon au fils unique : celui-ci prend le chemin opposé, et ne s'occupe que du nœud de sa cravate, ou, si l'on force le cours de ses études pour en faire un miracle à 15 ans, la vanité s'empare de son esprit ; il n'écoute plus aucun avis : qui *oserait se permettre d'en donner, échouerait. Mais, hélas! bientôt il perd le fruit de ses succès éphémères , et meurt , ainsi que la fleur printanière qu'une végétation factice a fait éclore dans la saison où la terre est encore glacée.* L'orgueil a tellement pris crédit, que la mère qui est assez rai-sonnable pour ne pas chercher à combler l'ambition de son fils à 18 ans, sera re-gardée comme une mère indifférente, parce que tous les moyens sont bons , pourvu qu'on arrive. Il s'en faut bien que personne songe à vivre longtemps : on ne pense qu'à jouir. Cette passion pour le goût des voluptés s'oppose aux entreprises de longue haleine, aux découvertes qu'on croit difficiles ; car le goût immodéré des plai-sirs n'a pour but véritable que le repos de la paresse. Aussi l'ambition qui naît de cette cause n'est pas la bonne, la noble, celle qui produit la vraie gloire , l'utilité. Il faut donc tâcher d'en préserver la jeunesse, en la sauvant des commotions voluptueuse ;

y plonger les enfants, serait hâter le terme de la vie, et préparer une dissolution dans l'ordre social.

M. la Ci.-vve. MIACZYNSKI.

Paris, le 15 pluviose an 11.